www.ingramcontent.com/pod-product-compliance
Lightning Source LLC
Chambersburg PA
CBHW080838220526
45467CB00008B/2313
*9781708793630*